Stanislas Meunier

Les Tremblements de terre

Science

 Le code de la propriété intellectuelle du 1er juillet 1992 interdit en effet expressément la photocopie à usage collectif sans autorisation des ayants droit. Or, cette pratique s'est généralisée dans les établissements d'enseignement supérieur, provoquant une baisse brutale des achats de livres et de revues, au point que la possibilité même pour les auteurs de créer des œuvres nouvelles et de les faire éditer correctement est aujourd'hui menacée. En application de la loi du 11 mars 1957, il est interdit de reproduire intégralement ou partiellement le présent ouvrage, sur quelque support que ce soit, sans autorisation de l'Éditeur ou du Centre Français d'Exploitation du Droit de Copie , 20, rue Grands Augustins, 75006 Paris.

ISBN : 978-1979819985

10 9 8 7 6 5 4 3 2 1

Stanislas Meunier

Les Tremblements de terre

Science

Table de Matières

Introduction	6
Section I	6
Section II	11
Section III	19
Section IV	25
Section V	28
Section VI	30

Introduction

Depuis les temps si reculés où les tremblements de terre ont commencé à infliger à l'humanité naissante la sinistre série de leurs calamités, on pourrait croire que tout a été dit à ce sujet et qu'on sera désormais réduit, quand il s'agira d'en parler, à l'énumération de rares incidents locaux, au récit de quelques accidents particuliers. Il se trouve cependant que chaque catastrophe fournit des observations différentes, d'où se dégage une notion encore inconnue quant à l'allure, quant aux conditions, peut-être même quant à la cause du phénomène.

Ces réflexions s'imposent à nous au lendemain du désastre de Messine dont les multiples caractères permettent de contrôler des suppositions déduites de crises antérieures. Dans ces dernières années, en effet, les géologues et les physiciens ont réuni à l'endroit des séismes un énorme faisceau d'observations et d'expériences neuves : peut-être sommes-nous à la veille de voir dévoilée jusque dans ses détails la raison la plus intime des convulsions meurtrières du sol. Aussi avons-nous jugé le moment venu de résumer ce qu'il y a de plus certain dans le bagage de nos connaissances.

Section I

Les journaux du soir du 28 décembre dernier donnaient à Paris ces deux dépêches :

« *Monteleone (Calabre), le 28 décembre.* — Ce matin à 5 h. 20 un violent tremblement de terre a été ressenti ici et dans les communes voisines. Il a causé de graves dégâts.

« *Rome, le 28 décembre.* — M. Giolitti a envoyé deux fonctionnaires dans la province de Catanzaro pour constater les pertes à la suite du tremblement de terre ; il a donné vingt mille francs pour les premiers secours. »

Malgré la rapidité de nos procédés modernes d'information, il faut reconnaître que ces renseignements étaient singulièrement incomplets, puisqu'il s'agissait de la ruine complète de Messine, de Reggio et d'une foule d'autres localités, où les victimes faites en quelques secondes se chiffraient par cent mille !

A ce dernier point de vue, les reporters se sont accordés pour déclarer le désastre « sans précédent ; » et, en compulsant les documents, il semble bien qu'ils aient eu raison. Tout au plus, cite-t-on le cataclysme de 526, sous l'empereur Justin Ier, qui, à peu près dans les mêmes régions, aurait fait périr de 120 000 à 200 000 personnes. D'ailleurs, ce n'est pas seulement par le nombre des morts, c'est aussi par les misères effroyables, les angoisses de toutes sortes infligées aux sinistrés que la crise sicilienne a éveillé notre pitié. Sans faire, à l'exemple du professeur Lombroso, la psychologie des tremblements de terre, il est nécessaire d'en noter quelques traits.

Peut-être ici suis-je autorisé à apporter mon témoignage : j'ai subi, en effet, en février 1887 un tremblement de terre dont le souvenir demeure, car il a ravagé les côtes de la Ligurie, écrasant trois cents habitants sous les ruines de Diano Marina, dévastant Noli et Menton, crevassant les maisons et tuant quelques personnes à Nice même où je me trouvais. L'impression éprouvée quand on sent le sol se dérober est indéfinissable et creuse dans l'entendement un vide que rien ne saurait combler. L'illustre Humboldt, dans la relation de ses voyages dans l'Amérique du Sud, a cependant tenté une description pleine de couleur : « Dès notre enfance, dit-il, nous étions habitués au contraste de la mobilité de l'eau avec l'immobilité de la terre. Tous les témoignages de nos sens avaient fortifié cette sécurité. Le sol vient-il à trembler, ce moment suffit pour détruire l'expérience de toute la vie. C'est une puissance inconnue qui se révèle tout à coup ; le calme de la nature n'était qu'une illusion et nous nous sentons rejetés violemment dans un chaos de forces destructrices. Alors, chaque bruit, chaque souffle d'air excite l'attention : on se défie surtout du sol sur lequel on marche. Les animaux, principalement les porcs et les chiens, éprouvent cette angoisse ; les crocodiles de l'Orénoque, d'ordinaire aussi muets que nos lézards, fuient le lit ébranlé du fleuve et courent en rugissant vers la forêt. »

L'idée la plus précise du naufrage du moi en semblables conjonctures résulte de la vue même des sinistrés, parfois frappés de folie véritable et plus souvent privés, pour un temps plus ou moins long, de la notion des choses. Les uns sont dans une stupeur voisine du coma, d'autres se livrent à des actes qui, dans les conditions normales de leur existence, seraient d'inexplicables excentricités. C'est ainsi qu'à Nice, pour parler *de visu*, des bourgeois finissaient de s'habiller en pleine rue, sur le trottoir, devant leur hôtel, et poussaient l'inconscience jusqu'à envoyer la bonne chercher dans leur chambre les objets de toilette qu'ils avaient peur d'aller prendre. C'est à ce moment qu'un si grand nombre de personnes, saisies quand finissait le bal du mardi gras, se sont précipitées à l'aube naissante, à travers la ville, costumées et masquées, oubliant leurs bagages, ne rentrant même pas à leur domicile, assiégeant la gare et prenant d'assaut les trains, pour arriver encore éperdus à Paris, qui en Polichinelle et qui en Colombine.

L'absence de tout signe précurseur, la soudaineté contribuent à donner au désastre une allure très différente de la marche ordinaire des phénomènes, et c'est là sans doute l'explication de la large place faite de tout temps à la superstition dans le domaine séismique. Dans l'histoire ancienne, les tremblements de terre soulignent souvent la gravité des grands événements, batailles, trépas de personnages illustres. « Les Alpes ressentirent des tremblements inconnus, » dit Virgile, peignant l'angoisse de la Nature à la mort de César. Au dire de Lycosthène, la bataille livrée sous le consulat de Sempronius aux Picéniens fut interrompue par une commotion du sol. Dans les livres saints, la terre est fréquemment agitée : « Les collines bondissent comme des béliers, » dit le Psaume. Pour les Chinois, les secousses résultent des mouvements du Dragon sacré qui soutient le monde, et l'un de leurs motifs pour s'opposer aux travaux miniers est le respect et la crainte qu'ils ont de la divinité souterraine.

A mesure que les notions scientifiques se répandaient, on chercha des causes naturelles aux phénomènes séismiques : on en crut trouver sans peine et sans preuve, dans l'atmosphère par exemple, et dans les astres. Arago lui-même se demandait s'il ne fallait pas considérer à cet égard la sécheresse de l'air, son état électrique, sa pression ou encore le magnétisme terrestre, et il ajoutait avec sa sagesse ordinaire : « Adopter d'emblée les opinions populaires, c'est s'exposer à introduire dans la science, et à son grand détriment, une multitude de notions confuses, appuyées sur des phénomènes mal vus ou mal discutés ; rejeter les mêmes opinions sans examen, c'est manquer assez souvent l'occasion de quelque importante découverte. »

Pour ce qui est de l'allure du baromètre, Robert Mallet a pensé voir que les basses pressions sont favorables aux séismes, et plus récemment d'autres auteurs ont repris la même thèse. Fuchs note que le tremblement de terre de janvier 1873 à Grossgerau (Suisse) fut précédé d'une chute barométrique et d'une tempête ; mais il peut y avoir simple coïncidence et on sait que, d'après le grand Humboldt, les secousses si fréquentes dans les régions tropicales n'affectent en rien la régularité bien connue de la colonne mercurielle dans ces contrées.

Le rôle de la pluie dans la production des tremblements de terre est si solidement admis par certaines populations qu'aux Moluques on voit des tribus entières abandonner leurs maisons dans la saison humide et se réfugier dans des cabanes construites légèrement. Les mois d'été de 1755, qui précédèrent le tremblement de terre de Lisbonne, avaient été remarquables par l'abondance des pluies. Les indigènes de l'Amérique équatoriale admettent que la chute de la pluie est souvent la conséquence des tremblements de terre. Malgré l'invraisemblance de ce rapprochement, Humboldt rapporte complaisamment que, dans la province de Quito, de violentes secousses amenèrent la saison des pluies assez longtemps avant le moment normal.

C'est à propos d'un tremblement de terre ressenti le 19 janvier 1822 en Auvergne et qui s'étendit jusqu'à Paris, qu'Arago observa pour la première fois un contre-coup sur l'aiguille aimantée.

La liaison des séismes avec des actions extra-terrestres a séduit beaucoup de théoriciens. Alexis Perrey s'est naguère acquis une grande notoriété en recherchant si les phases de la Lune, déjà invoquées comme décisives dans les phénomènes les plus variés, n'auraient pas ici une influence directe. Il partait de l'idée que la matière nucléaire de la Terre étant fluide, devait éprouver, comme l'eau de l'Océan, les intumescences des marées. Arago donna un complet acquiescement à cette doctrine et on admit un temps que les séismes sont plus fréquents à l'époque du périgée qu'à celle de l'apogée. L'idée a été reprise plus récemment par l'astronome Julius Schmidt : dans ses *Studien über Erdbeben* qui datent de 1879, il proclame qu'il y a un maximum de secousses à la nouvelle Lune, un autre deux jours après le premier quartier et un minimum le jour du dernier quartier.

A maintes reprises, on a voulu aussi trouver dans les taches solaires, si remarquables par leur existence éphémère et par leur renouvellement périodique, une relation avec le déchaînement des crises terrestres. On trouverait, dans les *Comptes rendus de l'Académie des Sciences*, la trace de nombreux mémoires sur ce sujet, et ce n'est pas sans étonnement qu'après avoir vu tant de déceptions dans cet ordre d'études, on apprend que de nouveaux chercheurs reviennent au même point de vue. Cette fois, le public a témoigné son intérêt et tous les journaux ont résumé et commenté les observations de M. Moureaux et de ses émules. La statistique montrerait que les moments de paroxysmes séismiques seraient séparés les uns des autres par un intervalle de onze années et que ce même intervalle séparerait les maxima des taches solaires, les maxima d'aurores boréales, les maxima d'intensité des courants telluriques, etc. Mais il semble que si une semblable périodicité existait, on l'aurait depuis longtemps constatée. Nous voyons en outre de graves catastrophes se produire à des intervalles bien variés, comme celles de San Francisco, de Valparaiso, de Messine. Et s'il s'agit non pas de l'intensité, mais du nombre total des secousses, même les plus petites, on peut tout de suite remarquer que l'on est très incomplètement renseigné à leur égard et qu'une statistique est au moins prématurée.

Il n'y a pas si longtemps que, revenant à des points de vue spécialement chers aux astrologues du moyen âge, des physiciens rattachaient les tremblements de terre à des conjonctions ou à des oppositions, en somme à des situations relatives de planètes. Et, comme ces positions sont connues d'avance, on devait logiquement en tirer un système de prophéties, qu'il serait fort utile de connaître. Je n'oublierai jamais la foi profonde, quoique non communicative, de Silbermann, qui fut préparateur au Collège de France, il y a une trentaine d'années, et qui est connu encore pour ses travaux sur les aurores boréales et sur les étoiles filantes, — ni sa consternation, — lorsque ses études le mirent en présence de cette conclusion que : vu la situation des astres, Paris, à telle date très rapprochée, serait entièrement anéanti par un gigantesque tremblement de terre. Il prit alors ses dispositions pour émigrer en Suisse, dont il jugeait la situation plus stable, et, malgré son état de fortune qui ne lui permettait aucun luxe, mû par un sentiment de charité, il conserva plusieurs jours de suite une voiture à l'heure, pour aller d'ami en ami annoncer le péril et prêcher la fuite. Je fus du nombre des personnes prévenues et vraiment il y avait de quoi en être touché.

Huit jours après la date fatale, Silbermann, de retour à Paris, démontrait que la « déception » venait d'une erreur de calcul dont il reconnaissait la gravité, mais qui ne touchait en rien à la réalité des principes d'où il était parti. Plus récemment, vers 1890, un certain docteur Falb, de Vienne, a jeté l'angoisse dans bien des âmes, en annonçant, aussi d'après des observations du même genre, la date de tremblements de terre qui, Dieu merci ! ne se sont pas plus produits que celui de Silbermann.

M. de Montessus de Ballore, dans son magistral ouvrage,[1] s'élève contre ces rapprochements :

« Que reste-t-il des innombrables travaux, dit-il, consacrés à la recherche des relations supposées souvent *a priori* ou sur la foi de quelque coïncidence fortuite, entre les tremblements de terre et des phénomènes variés extérieurs à l'écorce terrestre ? Rien, ou presque rien. C'est peut-être une partie de la littérature séismologique qui disparaît ainsi, sans retour, on devrait l'espérer ; et quels progrès auraient été faits, si on avait consacré autant d'efforts à la recherche des influences géologiques sur la genèse des ébranlements du sol, au lieu de s'attarder dans ces voies décevantes. »

Section II

Cependant on a fait dans ces derniers temps d'importantes découvertes sur les causes des tremblements de terre. Ces progrès ont sans doute leur origine principale dans l'invention des séismographes. On appelle ainsi des appareils enregistreurs sensibles aux palpitations du sol et qui conservent le témoignage de toutes les particularités des secousses. En les observant, on s'est aperçu d'abord que l'instabilité du sol est beaucoup plus accusée qu'on ne se l'était imaginé ; car, outre les mouvements sensibles,

---

[1] *La Géographie séismique*, 1 vol. in-8, Paris, 1907.

il s'en déclare à chaque instant qui se perdent dans le bruit, et l'agitation de la vie ordinaire. Il ne se passe pas une heure et peut-être moins, sans qu'un point ou l'autre de la Terre ne soit agité : l'écorce du globe frémit sans interruption.

A côté de cette première découverte, on en a fait une autre qui contribue comme elle à la solution du problème : c'est que les tremblements de terre ne se distribuent pas uniformément à la surface de la planète. Il y a des pays à tremblements de terre et il y en a, comme la Laponie et une grande partie de la Russie, où le séisme est pratiquement inconnu. De plus, dans les pays à tremblements de terre, il y a des catégories à faire : dans certains d'entre eux, le phénomène est rare et ordinairement bénin ; dans d'autres, il est fréquent et parfois même quotidien.

« Sur les côtes du Pérou, dit Alexandre de Humboldt, le ciel est toujours serein ; on n'y connaît ni la grêle ni les orages, ni les redoutables explosions de la foudre ; le tonnerre souterrain qui accompagne les secousses du sol y remplace le tonnerre des nuées. Grâce à une longue habitude et à l'opinion très répandue qu'il y a seulement deux ou trois secousses à craindre par siècle, les tremblements de terre n'inquiètent guère plus à Lima que la chute de la grêle dans la zone tempérée. »

Parmi les régions séismiques, il faut citer avant tout divers points du bassin méditerranéen et parmi eux le détroit de Messine, la baie de Naples (et spécialement L'île d'Ischia), la Grèce (îles de Zante et de Chio), l'Espagne avec Séville, le Portugal avec Lisbonne, l'Inde, le Japon, la Californie, le Mexique et l'Amérique Centrale, le Pérou, le Chili.

Et si l'on porte sur un globe terrestre les pays qui sont le plus secoués, on constate, comme Robert Malet le remarquait déjà en 1858, que le « type normal de la distribution des séismes dans l'espace est exprimé par la concentration dans des bandes de terrains dont la largeur varie entre 5 et 15 degrés. » Cela fait de 500 à 1 500 kilomètres.

Bien plus récemment, M. de Montessus de Ballore a fait faire à la question, dans l'ouvrage que nous venons d'indiquer, un très grand pas en montrant que la grande majorité des séismes se range en deux bandes larges de 3 000 kilomètres, par le milieu de chacune desquelles on peut faire passer un grand cercle de la sphère. De ces deux cercles, qui se coupent vers les îles Gallapagos sous un angle d'environ 67°, l'un suit la côte Pacifique des Amériques, tandis que l'autre accompagne le littoral Sud de l'Asie et se continue par l'axe de la Méditerranée et le golfe du Mexique. En dehors de ces deux bandes, il n'y a plus que 5 pour 100 des tremblements de terre, et leur distribution, malgré leur petit nombre relatif, (et peut-être à cause de cela) nous présentera tout à l'heure un nouveau motif d'intérêt.

En considérant cette distribution générale, on est tout de suite arrêté par son analogie avec la répartition des volcans actuellement actifs. En reprenant notre liste de points séismiques, on peut souvent y substituer des noms de volcans : Etna, Vésuve, pour l'Italie, Santorin pour la Grèce, le Dendur, pour l'Inde, le Bandaï-San et bien d'autres pour le Japon ; pour la Colombie anglaise, le mont Saint-Helens ; las Virgines pour la Californie, le Popocatepetl, le Jorullo pour le Mexique ; l'Isalco, le Cosequina, le Fuego pour l'Amérique Centrale ; le Pichincha, le Cotopaxi, pour l'Equateur, dix-neuf volcans pour le Pérou tout seul, trente-trois pour le Chili. Aussi devons-nous être préparés à apprendre qu'on a été tenté de rattacher intimement les deux modes d'activité et qu'un géologue est allé jusqu'à dire que le volcan n'est qu'un *épiphénomène* des tremblements de terre.

Mais cette liaison n'est pas la seule que nous révèle notre examen géographique. La distribution précédente voit encore coïncider avec elle les grandes lignes de rivages dont la pente est très raide et qui, à cet égard, contrastent absolument avec les rivages doucement inclinés.

Pour bien se pénétrer de la différence essentielle dont il s'agit entre les deux catégories de côtes, il suffit de s'imaginer au travers de l'Amérique du Sud (prise comme exemple) une coupe dirigée suivant un parallèle d'un océan à l'autre, de Bahia (Brésil) à Lima (Pérou). En partant de l'Atlantique, on trouve un pays bas et qui s'élève très progressivement : il en résulte une dimension immense pour les bassins hydrographiques qui se déchargent vers l'Est par les grands fleuves tels que l'Amazone tributaires de l'Atlantique. C'est tout à fait à la fin de la traversée continentale qu'on rencontre, le long du rivage Pacifique, la haute chaîne de la Cordillère, et, si l'on sonde l'Océan à son pied, on trouve immédiatement des abîmes de plusieurs milliers de mètres de profondeur. Or, c'est à cause de la dépression résultante que les eaux de la mer ont été appelées à baigner ces régions et leur disposition générale conduit à y reconnaître des fractures de l'écorce terrestre ou *géoclases*, analogues dans leurs grands traits à celles qui caractérisent les chaînes de montagnes. Ceci nous approche de la solution cherchée, car la notion est générale : partout, les pays à grands et fréquents tremblements de terre sont avoisinés par des mers très profondes. Le type est fourni par le massif du Japon où se trouve la fosse *du Tuscarora*, concave de 10 000 mètres. La Méditerranée a des abîmes et Messine se trouve sur une rive à pic.

Maintenant, si l'on examine les pays où se font sentir les tremblements de terre modérés, comme c'est le cas pour la Suisse et pour toute l'Europe Centrale, on constate que des traces volcaniques y abondent et qu'il est facile d'y retrouver aussi des preuves du craquellement du sol : les géoclases y ont évidemment déterminé les principales inégalités de surface. Seulement il ne s'y produit plus d'éruptions plutoniques et les volcans qu'on y rencontre sont « éteints. » Cependant il y jaillit bien des sources chaudes, et des dégagements de gaz rappellent ceux des volcans. Les choses s'y montrent donc comme s'il s'agissait de régions ayant jadis été bâties exactement comme la zone à grands séismes et à volcans brûlants, mais qui se seraient refroidies et auraient en conséquence perdu la plus grande partie de leur primitive activité.

Remarque curieuse : la mention sur le globe géographique des pays pourvus de cette forme atténuée de la mobilité superficielle fait voir qu'ils se cantonnent dans deux zones approximativement parallèles aux bandes définies, plus haut, des pays paroxysmaux. Il s'en révèle à travers l'Europe et l'Asie à partir de la chaîne des Pyrénées, tout le long des Alpes, puis des monts Carpathes, du Caucase, de l'Himalaya et d'autres montagnes plus orientales. Dès les Pyrénées, on rencontre, le long des grandes géoclases qui ont déterminé le relief du sol, le chapelet des sources chaudes sulfurées dont le type est fourni par Barèges et qui, sans exception, sont associées à des pointements de roches ayant, quoique ne montrant aucune trace de cratères, d'intimes ressemblances de composition et de gisement avec les laves de nos volcans actifs. D'ailleurs, en allant vers l'Est jusqu'au Caucase, on rencontre des volcans tout à fait caractérisés, comme l'Elbrouz et le Kazbek, dont les dernières éruptions ne sont pas très anciennes historiquement parlant. D'un autre côté, l'étude stratigraphique du sol démontre que l'époque d'émergence de ces chaînes est relativement peu reculée et dès lors l'esprit se fait à l'idée que la région qu'elles occupent présentait, antérieurement aux temps actuels, les caractères décrits plus haut de la zone en pleine activité de nos jours. Cette région se serait calmée par une sorte de vieillissement ; les secousses qu'on y observe encore décèlent comme un reste de la vie souterraine progressivement affaiblie.

Ces présomptions reçoivent un puissant appui de la reproduction en Amérique de dispositions analogues : vers l'Est de la région des Cordillères, si remarquable par la quasi-permanence du phénomène séismique, on trouve dans l'Amérique du Nord la zone des Montagnes Rocheuses, qui en est comme une atténuation, et qui frappe par sa ressemblance générale avec la région des Pyrénées et des Alpes.

Enfin une indication précieuse pour l'interprétation de tous ces faits résulte de ce qu'en s'éloignant davantage des pays de trépidations maxima, et perpendiculairement à la bande qu'ils constituent, on trouve des régions où le tremblement de terre est pour ainsi dire inconnu et qui, tout en étant montagneuses, tout en présentant le spectacle de grandes géoclases le long desquelles ont surgi de puissantes chaînes, sont dépourvues de toute espèce de sources thermales ; circonstance d'autant plus remarquable qu'on peut reconnaître, aux incrustations, l'ancienne existence de jaillissements chauds, aujourd'hui taris. C'est ce qui se voit, par exemple, en Suède et en Ecosse, bien que dans ces pays il soit facile de retrouver, presque à chaque pas, des vestiges d'éruptions de roches. Mais celles-ci, et cette constatation mettra le sceau à la démonstration, sont, par leur aspect, encore plus éloignées que les précédentes des volcans proprement dits. Il a fallu toute la sagacité de sir Archibald Geikie pour reconnaître dans la structure de ces massifs la preuve de l'ancienne existence du phénomène volcanique. Les cratères ont disparu depuis des temps indéfinis et leurs débris se sont éparpillés de tous côtés ; les coulées elles-mêmes ont été emportées grains à grains par les intempéries, et pendant de longues années on a été porté à croire que les roches éruptives remplissant les cheminées dérivaient d'un mécanisme tout différent de celui que nous voyons à l'œuvre.

Ce fut une grande découverte que celle d'un terme stratigraphique commun à toutes les éruptions volcaniques, qu'elles seules peuvent produire et qui défie en maintes circonstances les entreprises de l'érosion. Il s'agit des couches de cendres déposées en lits réguliers dans les bassins des lacs ou des mers situés à proximité des bouches ignivomes et qui, à cause du siège de leur accumulation, contiennent à la fois des éléments minéralogiques d'origine profonde et des débris provenant des régions superficielles, en première ligne des fossiles. On donne à ces roches ambiguës le nom de *cinérites* et on les exploite en bien des cas pour diverses applications. Les restes organiques qu'elles contiennent nous fournissent des documents sur la flore et la faune de leur temps, comme le feront, avec leurs vestiges de plantes et d'animaux romains, les cendres récentes de Pompéi pour les géologues de l'avenir. Ainsi, la petite ville de Thann, en Alsace, est assise sur une épaisse formation porphyrique procurant de gros blocs qui, après le polissage, méritent de figurer parmi les plus précieux matériaux de décoration, et ce n'est pas sans surprise qu'on voit, au travers des bancs recoupés par le front de taille des carrières, de grands troncs d'arbres avec leurs rameaux et leur fructifications, *pétrifiés* mais parfaitement conservés.

Eh bien ! les localités de Scandinavie et d'Ecosse dont nous venons de parler montrent des cinérites de variétés fort diverses, qui révèlent la contribution active fournie à la surface du sol par les profondeurs souterraines grâce à l'existence des grandes géoclases. Et cette remarque est suffisante pour que nous soyons autorisés à supposer, que, dans des époques très reculées, le sol de ces régions, maintenant si tranquilles, devait être agité de convulsions souterraines.

D'ailleurs, rien de plus aisé que de rattacher les faits précédents à l'économie générale de notre planète, ce qui est la condition indispensable pour que la théorie générale des tremblements de terre s'établisse sur des bases définitives.

Il faut convenir que la Terre n'est pas construite, au point de vue géographique, comme il eût paru simple et naturel qu'elle le fût. Notre tendance universelle est d'identifier le globe avec une sphère géométriquement définie et qui tourne régulièrement sur elle-même et autour du Soleil. Cela posé, si nous cherchions à préciser (la supposant inconnue) la disposition générale des détails géographiques, nous l'imaginerions parfaitement symétrique. Les deux pôles étant dans des situations parfaitement identiques par rapport au plan de l'équateur, nous devrions évidemment supposer, de part et d'autre de celui-ci, une distribution égale, soit des océans, soit des continents et une orientation régulière des chaînes de montagnes et des grandes vallées sous-marines. Or, tout le monde sait qu'il n'en est rien.

Il est facile de tracer sur le globe un grand cercle, d'ailleurs fortement incliné sur le plan de rotation, qui séparera deux hémisphères dont l'un est presque entièrement océanique pendant que l'autre renferme à peu près toutes les surfaces continentales. En outre, dans l'hémisphère des terres fermes, les portions exondées sont disposées d'une manière tout à fait imprévue : elles constituent deux gros paquets plus longs que larges, dont l'un correspond à l'Ancien Monde (Eurasie et Afrique) et l'autre aux Amériques. La grande longueur du premier bloc, approximativement S. W. -N. E. est grossièrement perpendiculaire à la grande longueur de l'autre qui va du N. W. au S. E.

Poussant plus loin nos investigations, nous reconnaissons que chacun des deux blocs est accidenté de chaînes de montagnes plus ou moins flexueuses et parfois même très contournées, mais qui, malgré tout, se dirigent en somme parallèlement à la grande longueur dont nous venons de parler. Un autre fait remarquable, étant données nos études antérieures, c'est que l'une de ces chaînes borde le littoral de l'un et l'autre des deux paquets exondés, comme les bordaient tout à l'heure les zones à violents et fréquents tremblements de terre.

Pour l'Eurasie, à laquelle nous pouvons nous borner d'abord, il faut remarquer que ses chaînes, dirigées en gros de l'Ouest vers l'Est, sont loin d'avoir toutes le même caractère géographique. La plus méridionale, dont l'Apennin fait partie, ainsi que les îles de l'Archipel, qui ne sont que des sommets de montagnes submergées, ainsi que le Taurus, en Asie Mineure, les îles de la Sonde et le Japon lui-même, se signale avant tout par son altitude médiocre.

Mais comme cette chaîne est précisément le théâtre des travaux souterrains qui se traduisent par les grands tremblements de terre, il n'est pas défendu de supposer que c'est une chaîne en voie de production et que l'acquisition de son relief est la cause même qui détermine les secousses du sol.

A l'appui de cette conception, la série de reliefs qui comprend les Pyrénées, les Alpes et les autres sommets déjà énumérés jusqu'à l'Himalaya, nous montre les grandes altitudes cantonnées dans un pays dont le soulèvement date de plus loin et qui, par conséquent, s'est continué plus longtemps. Les géologues savent déterminer avec précision l'âge relatif des chaînes de montagnes par la comparaison des étages qui y ont été soulevés avec ceux qui, s'étant déposés après l'exhaussement, sont restés horizontaux dans les en tours. Comme on a donné des noms à ces étages, on qualifie d'une expression univoque l'antiquité plus ou moins reculée des montagnes et c'est ainsi que l'on conclut que, si le *soulèvement apennin* est en voie actuelle d'accomplissement, le *soulèvement alpin* est tertiaire et dépend d'une époque qui, pour n'être pas géologiquement très ancienne, a précédé cependant, et de beaucoup, la création de l'homme et celle des animaux et des plantes qui vivent autour de nous.

Voilà une base pratique et dont nous pourrons désormais nous servir.

En remontant au Nord du bourrelet qui vient de nous occuper, nous rencontrons, avec la même orientation générale, de l'Ouest à l'Est, un autre ridement de la surface terrestre qu'on peut observer selon la longueur de la péninsule bretonne sous la forme des Monts d'Arrée, — qui, malgré leur altitude de simples collines, ont exactement l'allure générale des Alpes, — pour le suivre dans les Vosges, puis dans la chaîne des Sudètes qui traverse toute l'Allemagne et enfin dans l'Oural où, après s'être très bien raccordé aux montagnes précédentes, il s'infléchit vers le Nord jusqu'au rivage de l'Océan glacial arctique. La méthode géologique prouve que cette suite de reliefs s'est constituée bien avant les Alpes et dans un temps qui dépend de l'époque carbonifère, celle d'où datent les accumulations de matières végétales devenues progressivement le charbon de terre. On conçoit que le *ridement armoricain*, comme on l'appelle, soit moins élevé que la chaîne des Alpes : peut-être en a-t-il possédé la hauteur, mais il subit depuis si longtemps l'intempérisme, — la légion des agents atmosphériques de la dégradation des roches, — que l'ensemble a perdu maintenant une très grande partie de son ampleur originelle.

Plus au Nord encore, se développe un bourrelet, réduit à des restes de plus en plus détériorés, et qui consiste dans les Monts Grampians en Ecosse et dans les Alpes Scandinaves. Cette fois, la poussée souterraine remonte au passé qualifié de silurien, c'est-à-dire à un temps peu éloigné sans doute du moment où la vie a fait son apparition sur la Terre.

Pour bien montrer le degré de confiance qu'il faut attribuer à ces comparaisons entre les chaînes européennes, il est utile de noter que le symétrique exact de leur histoire se retrouve sur le sol du Nouveau Monde. La série qui comprend la Cordillère des Andes, les Montagnes Rocheuses, les Appalaches et les Montagnes Vertes, correspond terme à terme à celles dont nous venons de résumer la production successive. Dans un cas comme dans l'autre, des régions grossièrement parallèles entre elles ont été successivement le lieu d'ouverture de grandes cassures et le théâtre des manifestations qui en résultent : jaillissements de sources chaudes, éruptions de volcans et déchaînement de tremblements de terre.

Tout cet ensemble, d'apparence cataclysmique, et où on a voulu quelquefois découvrir un indice du dérangement de la Nature, est prévu, au contraire et, comme on va le voir, est compris dans le plan et dans l'économie générale de la Terre.

Section III

La seule manière rationnelle de comprendre l'activité souterraine, qui s'est traduite, au cours des temps, par la surrection successive des chaînes de montagnes, c'est de la rattacher à l'existence, dans les profondeurs du globe, d'un foyer d'énergie propre, qui se révèle de différentes manières.

Bornons-nous à rappeler que toutes les émanations souterraines sont chaudes et notons qu'on est même parvenu par des centaines de milliers de mesures à déterminer le degré géothermique d'une multitude de localités. On désigne ainsi réchauffement constaté dans le sous-sol à mesure qu'on s'éloigne davantage de la surface. Le résultat final, c'est qu'à 60 kilomètres règne une température de 2 000°. Comme aucune des substances métalliques ou rocheuses connues ne persiste avec l'état solide à une semblable chaleur, il faut que la portion solide de la Terre soit la simple enveloppe d'une masse en ignition. Son épaisseur n'excédant pas le centième du rayon planétaire, elle est réduite à peu près à la condition relative de la coquille d'un œuf de poule.

Quant à la matière nucléaire, c'est-à-dire à celle qui est renfermée dans la coque solide, on a beaucoup disserté à son sujet, et, — tout en reconnaissant qu'elle s'inflige, à elle-même, une telle pression qu'on n'y conçoit la persistance ni de l'état liquide ni de l'état gazeux tels que nous les connaissons, — il faut cependant admettre qu'elle doit posséder quelques-unes des propriétés caractéristiques des corps fluides ou pâteux. Par exemple, en conséquence de la perte de sa chaleur originelle, à laquelle elle est incessamment soumise, elle se contracte sans changer de forme et rentre pour ainsi dire en elle-même. L'écorce solide, au contraire, forcée de suivre son support, et ne pouvant, à cause de son état physique, se rétrécir indéfiniment, devra se déformer, s'affaisser ici, se soulever ailleurs, s'onduler, en un mot, et se briser, pour se redoubler par voie de refoulements horizontaux. Ce point s'élucidera complètement par la comparaison du globe terrestre, soumis au refroidissement que lui impose l'espace stellaire dans lequel il est placé, avec le réservoir d'un thermomètre à mercure qui n'aurait pas de tige. On sait que si le thermomètre nous sert à quelque chose, c'est qu'il est construit de deux substances que le même échauffement ou le même refroidissement ne dilate pas ou ne contracte pas également. Par le froid, le réservoir est relativement plus grand que par les températures élevées. Le volume du mercure subit les modifications inverses, et c'est pourquoi le liquide monte ou baisse dans la tige graduée. Mais si celle-ci manquait et si on avait affaire au seul réservoir exactement rempli de mercure à une température déterminée, le moindre refroidissement produirait un vide que rien ne tendrait à remplir. Supposez que la paroi, au lieu d'être de verre plus ou moins épais, soit d'une substance flexible ou fragile, elle se déformera ou se brisera. Or ; c'est exactement ce qui se passe pour la croûte terrestre, quand le noyau qu'elle enserre se contracte sous elle : depuis les anciens temps géologiques, le refroidissement et par conséquent la contraction ont été continus.

Ce mécanisme, si merveilleux dans sa simplicité, donne lieu à des phénomènes qui ont laissé leurs traces ou leurs produits dans les entrailles du sol : c'est lui qui, par les déformations lentes de la croûte, détermine l'émigration des continents, c'est-à-dire le déplacement progressif du bassin des mers gagnant en certains points sur la terre ferme et perdant en d'autres. De là résultent, en tant de régions et par exemple à Paris, des preuves du long séjour de l'océan là où maintenant règne la condition continentale. C'est ce mécanisme aussi qui, ayant tordu la croûte jusqu'à la limite extrême de son élasticité, la brise tout à coup et développe ainsi les secousses séismiques.

Cependant, quoi qu'il puisse sembler à première vue que nous ayons résolu ainsi tout le problème des tremblements de terre, il faut reconnaître que bien des particularités dont la constatation nous arrêtait tout à l'heure, ne reçoivent ainsi aucune explication.

En effet, la contraction pure et simple du noyau et la seule tendance de la croûte à suivre le support qui se dérobe sous elle ne pourraient rendre compte que de mouvements verticaux, selon les rayons, avec, — tout au plus, — de faibles réactions horizontales provenant de la différence de longueur du degré d'arc au cours de la contraction. Or, l'observation géologique nous apprend tout autre chose.

Le fait dominant de la structure des montagnes consiste, d'après Schardt, Suess, Termier et d'autres, dans des déplace mens, suivant des plans très inclinés sur l'horizon, d'énormes masses qui ont été charriées par-dessus des roches voisines souvent plus récentes qu'elles. Les plans de glissement sont justement les géoclases mentionnées plus haut : les lignes mêmes où se déclarent les tremblements de terre.

Avant d'aller plus loin, et pour ne laisser aucune obscurité, il importe extrêmement de constater que les séismes sont réellement des effets du mécanisme naturel qui élève les chaînes de montagnes. La première notion à ce sujet est due à Ami Boue qui, dès 1851, l'a formulée très nettement. La démonstration a été fournie en 1873 par Edouard Suess, qui a reconnu que la plupart des tremblements de terre de la Calabre et de la Sicile ont leurs épicentres distribués sur le pourtour d'un arc de circonférence développé autour des îles Lipari, archipel vers lequel convergent, comme des rayons, des cassures également séismiques.

A l'appui de cette doctrine, on notera que pendant le tremblement de terre du 13 avril 1906, à San Francisco, les deux parois de la cassure ouverte dans le sol ont subi l'une par rapport à l'autre un déplacement horizontal qui a poussé la lèvre occidentale vers le Nord-Est d'une quantité égale en moyenne à 3 mètres et qui a atteint 6 mètres en quelques points. Il y a eu en outre, dans une partie, un déplacement vertical qui a relevé la lèvre occidentale d'environ 1 mètre. En novembre 1822, à la suite du tremblement de terre qui renversa au Chili les villes de Valparaiso, de Quilloa et d'autres, une grande partie du pays se trouva élevée de 1 à 2 mètres au-dessus de son ancien niveau. Au Mexique, dans la Sonora, le 3 mai 1887, il se fit un rejet de 2 mètres, et un de 20 mètres le 20 octobre 1891. On a dit que lors du dernier désastre de Messine, des fonds marins de 420 mètres se seraient relevés à 170. Si le fait est confirmé, ce serait la suite de soulèvements qui ont laissé leurs traces de tous côtés dans la région. Ils sont démontrés par les incrustations marines de fraîche date géologique, visibles sur les îlots basaltiques d'Aci Tressa, ainsi que sur la côte d'Acireale où elles sont à 13 ou 14 mètres au-dessus du niveau de la mer. M. Gemellaro a observé à Aci Castello deux grottes formées par la lave, déversée dans la mer, d'une éruption de 1199 et qui, portées maintenant à 5m, 40 au-dessus du niveau, présentent d'abondantes incrustations coralligènes.

Ce mouvement représente un soulèvement moyen de 75 centimètres par an. Il suffit évidemment de durées assez longues pour que les plus hautes chaînes résultent de ce mécanisme. C'est l'avis de M. Ordener pour qui le plissement du Voigtland, dans l'Erzgebirge, se continue encore aujourd'hui, bien que la contrée, de constitution déjà ancienne, ne voie plus que rarement des tremblements de terre, dont le dernier date de 1875. La conséquence doit s'appliquer à plus forte raison aux Alpes, qui sont encore le théâtre de fréquents séismes. On lira avec intérêt à ce sujet le passage suivant de la célèbre *Recepte véritable* que Bernard Palissy publia en 1563 :

« Le dit feu, dit-il, se nourrit et entretient aussi sous la terre ; et advient souvent que par un long espace de temps aucunes montagnes deviendront vallées par un tremblement de terre ou grande véhémence que le dit feu engendrera, ou bien que les pierres, métaux et autres minéraux qui tenoyent la base de la montagne se brusleront et en se consommant pour feu, la dite montagne se pourra incliner et baisser petit à petit ; aussi d'autres montagnes se pourront manifester et eslever par l'accroissement des roches et minéraux qui croissent en icelles ; ou bien, il adviendra qu'une contrée de pays sera abysmée ou abaissée par un tremblement de terre et alors ce qui restera sera trouvé montueux. » Cette opinion est d'autant plus remarquable que, bien longtemps après Bernard Palissy, on voit des auteurs expliquer les fossiles des pays montagneux en supposant que la mer a été jadis plus profonde de toute la hauteur des sommets.

L'efficacité de la cause des tremblements de terre étant reconnue pour l'édification des chaînes de montagnes, on est invité à rechercher dans les caractères de celles-ci des traits qui jetteront du jour sur l'allure orogénique des séismes. Par conséquent, la disposition très inclinée sur l'horizon des grandes géoclases doit être prise en très haute considération. En comparant les diverses chaînes européennes, on reconnaît que l'effort d'où elles résultent a constamment été dirigé au Nord-Ouest, et on se représente la surface de cette partie du monde alimentant, depuis l'aurore des temps sédimentaires, une succession de vagues rocheuses poussées les unes derrière les autres vers un centre boréal commun, qu'on peut appeler le *pôle orogénique*.

Le colossal travail s'est accompli sans doute d'une façon continue et cependant il a donné lieu à des effets intermittents, chaque chaîne étant séparée des chaînes plus anciennes et par conséquent plus septentrionales qu'elle, par un pays relativement, plat, qui la précède et que Suess désignait pour cette raison sous le nom de *Vorland*.

Quant à la cause de la poussée vers le Nord, aussi manifeste en Amérique que dans le vieux monde, elle paraît elle-même explicable. Des expériences de laboratoire, en imitant dans ses grandes lignes le phénomène naturel, sont en effet de nature à dévoiler dans la matière inconnue du noyau terrestre certaines propriétés qu'on n'aurait pu soupçonner *a priori*. Le but de ces tentatives synthétiques était précisément d'imiter artificiellement la constitution orogénique de l'Europe. Pour cela, on employait un appareil où sont mis en présence un organe représentant le noyau contractile de la Terre et un autre imitant la croûte fragile qui lui est superposée. Comme le caoutchouc, tout solide qu'il soit, jouit de la propriété ordinaire aux fluides de rentrer en lui-même par contraction sans changer de forme, il pouvait jouer le rôle de la matière nucléaire. Une feuille très épaisse de caoutchouc étant donc appliquée sur une demi-sphère de bois solidement établie, on l'étire à l'aide d'un petit treuil, de façon à en faire une calotte pourvue d'une énergique rétractilité. On moule à sa surface une calotte de plâtre gâché dans une quantité convenable d'eau. Au moment où la pâte a acquis la consistance voulue par suite des progrès d'une *prise* commençante, on a permis au caoutchouc de revenir sur lui-même et, dans son mouvement, il a comprimé vers le pôle de la demi-sphère la calotte de plâtre déposée sur lui. Alors ce pôle s'est constitué en une sorte de buttoir ; il s'est ouvert autour de lui une crevasse assez sinueuse le long de laquelle s'est fait une poussée rappelant si on veut le ridement des Alpes Scandinaves (ou calédonien). La contraction continuant uniformément, on a vu, à la suite d'une bande restée sensiblement de niveau (*Vorland*), s'ouvrir une deuxième cassure avec deuxième émergence qui sera le ridement armoricain, et ainsi de suite jusqu'à ce que la puissance élastique du caoutchouc ait été épuisée. La forme des bourrelets successifs a été très variable et parfois ils se sont infléchis suivant les méridiens, de façon à imiter la disposition générale de l'Oural.

Des spécimens obtenus de cette façon sont exposés dans la galerie de Géologie du Muséum ; on pourra d'un coup d'œil apprécier leur analogie avec les faits naturels qu'il s'agissait d'imiter. Leur témoignage n'est cependant entièrement valable que si on admet, chez la matière nucléaire, une contractibilité comparable à celle dont jouit le caoutchouc et qui rappelle la viscosité de bien des substances pâteuses. Dans ce cas, en effet, on peut penser que lors de l'individualisation de notre planète, — qui, suivant les vues géniales de Laplace, est un lambeau de matière détachée de la gigantesque nébuleuse dont le résidu s'est concentré depuis sous la forme du Soleil, — la force centrifuge, développée par la rotation autour d'un axe, a déterminé le renflement équatorial par un étirement superficiel alimenté par les régions polaires. S'il en est ainsi, rien de plus naturel, quand les conditions inverses se développent, c'est-à-dire quand la contraction s'empare de la masse tournante, qu'une composante tangentielle ramène vers les pôles l'excès de matière dont les régions moyennes avaient bénéficié.

Cela admis, tout le mécanisme orogénique s'ensuit. On conçoit alors très bien que les régions séismologiquement fixées, comme est le ridement armoricain, par exemple, conservent longtemps le reste de vitalité que nous avons mentionné et que, continuant à s'accommoder à leur nouvelle condition d'équilibre, il en résulte pour elles des tremblements de terre de moins en moins violents et de plus en plus espacés.

De cette façon, et suivant la remarque de M. de Montessus de Ballore, on peut retrouver, au moins dans une certaine mesure, l'âge relatif des compressions subies par le sous-sol dans une région donnée, en établissant son régime séismique.

Section IV

Mais il nous reste à préciser certains points, relativement accessoires, et nécessaires cependant pour comprendre plus d'une particularité caractéristique des tremblements de terre. Un des traits les plus constants des séismes, c'est de se composer d'une série de secousses d'intensité inégale, en nombre essentiellement variable d'un cas à l'autre et séparées par des intervalles inégaux. La répétition des chocs, qui aggrave le fléau, puisque, après son déchaînement, rien ne peut indiquer qu'on en a fini avec lui ; cette répétition qui donne l'idée d'un appareil générateur capable de se recharger à mesure qu'il dépense son énergie, a excité l'ingéniosité des théoriciens. Daubrée, entre autres, était arrivé à supposer dans les entrailles du globe des systèmes compliqués de cavités pouvant se mettre en communication temporaire les unes avec les autres et s'alimentant ainsi à plusieurs reprises de matières explosibles propres à produire les trépidations. Or, la question est beaucoup plus simple et dérive directement de la notion, que nous commençons à posséder, de la structure intime de l'écorce du globe.

Celle-ci, parmi ses fonctions diverses, remplit celle de cloison séparative entre les fluides qu'elle enveloppe et la masse externe de l'océan et de l'atmosphère. Formée de matériaux perméables, elle se laisse pénétrer par les infiltrations aqueuses appelées par ta pesanteur et la capillarité, mais seulement jusqu'à une profondeur où la température est suffisamment intense pour que l'eau n'y puisse être tolérée. L'écorce représente donc un ensemble plus compliqué que nous ne pensions, où il faut considérer deux zones sphériques superposées dont la plus inférieure est incandescente pendant que l'autre est mouillée.

L'ouverture des géoclases, au travers de cet ensemble, ne saurait se faire nettement et sans égrènement de ses parois : au contraire (et l'observation directe des filons et des failles le démontre surabondamment), il se produit toujours, dans le vide qui vient de s'ouvrir, des éboulements de fragments de toutes les tailles qui, suivant les cas, descendent plus ou moins bas. Dans ces conditions, il est inévitable qu'un bloc fourni par la zone aquifère ne tombe pas quelquefois dans la région rouge de feu. On sait alors ce qui doit arriver, car l'expérience, plus fréquente qu'on n'aurait voulu, est là pour nous apprendre les propriétés explosives de l'eau ou des autres matières volatiles contenues dans les roches : un choc se produit, dont la propagation au travers des assises du sol met la surface en vibration et y développe la série d'accidents caractéristiques des' secousses sismiques.

C'est à chaque instant qu'on a perçu, de la surface, les détonations souterraines et elles n'ont pas manqué, violentes et fréquentes, à Messine. Milne a noté les fortes explosions dont s'est accompagné au Japon le séisme de 1896. Pendant le tremblement de terre du 31 janvier 1894, M. Issel a entendu des détonations ressemblant à des coups de canon et rappelant aussi quelquefois « le fracas des bulles de gaz qui éclatent dans les cratères volcaniques. » Même, ce savant compare certains de ces bruits « à la chute des corps lourds tombant sur un sol un peu élastique et mou. » Cela fut très sensible avant la première secousse. Le microphone a permis à Rossi de percevoir des bruissements souterrains analogues à ceux de l'eau en ébullition.

« Les Grecs et les Romains, dit Arago dans sa notice sur James Watt, n'ignoraient pas que la vapeur d'eau peut acquérir une puissance mécanique prodigieuse. Ils expliquaient déjà, à l'aide de la vaporisation subite d'une certaine masse de ce liquide, les effroyables tremblements de terre qui, en quelques secondes, lancent l'océan hors de ses limites naturelles ; qui renversent, jusque dans leurs fondements, les monuments les plus solides de l'industrie humaine ; qui créent subitement au sein des mers profondes des écueils redoutables ; qui font surgir de hautes montagnes au centre même des continents. »

Enfin la détermination, par des méthodes qu'il est d'ailleurs très urgent de perfectionner, de la profondeur des centres d'ébranlements séismiques vient corroborer encore la même interprétation, puisque cette profondeur est bien au-dessus de la limite inférieure de la croûte, ce qui prouve que la matière nucléaire n'intervient pas directement dans ces phénomènes. Par exemple, le centre du séisme de 1857 était peut-être à huit kilomètres seulement, soit à une profondeur correspondant à 240° de température : celui du 25 décembre 1884 en Espagne à onze kilomètres (333°), celui du 27 août 1886 à Charleston à dix-neuf kilomètres (570°). Tout à fait exceptionnellement, celui du tremblement de l'Inde en 1869 fut, d'après Oldham, à quarante-huit kilomètres (1240°).

Il n'est pas utile d'insister sur le *travail* dont peut être le siège une crevasse séismique qui, en laissant choir successivement des blocs humides plus ou moins gros et à intervalles variables, expliquera toutes les répétitions possibles du phénomène ; mais il est intéressant de montrer que la manière de voir précédemment résumée laisse comprendre une des particularités les plus curieuses du séisme : celle qu'a le centre d'ébranlement de se déplacer progressivement et plus ou moins vite, dans une direction déterminée et qui est celle de la cassure génératrice. Une telle cassure, comparable à la fêlure d'un vase de faïence grossière, doit tendre à s'allonger dans sa direction primitive. Chemin faisant, elle détermine la chute de fragments qui, chacun à son tour, engendre l'explosion motrice. De cette manière, on s'explique qu'un tremblement de terre puisse, comme on l'a vu plus d'une fois, mettre plusieurs jours ou même plusieurs semaines à remonter telle vallée des Alpes ou même à fournir quelque itinéraire beaucoup plus long.

Section IV

Section V

Il ne nous reste plus, pour terminer cette étude abrégée des tremblements de terre, qu'à préciser la nature de la corrélation qu'ils paraissent présenter avec les éruptions volcaniques. Rappelons que la distribution des volcans actifs accompagne celle des séismes les plus violents, et que là où les séismes sont de plus en plus languissants, les volcans sont de plus en plus éteints. La conséquence évidente, c'est qu'ils sont les deux formes de l'activité souterraine d'une seule et même cause : l'ouverture de la grande géoclase tectonique. Seulement, celte cause générale se complique de causes secondaires qui donnent lieu à telle ou telle manifestation latérale. On a vu les conditions relatives à la récidive des secousses du sol : voyons en deux mots comment doivent être disposées les localités profondes pour que le volcan s'établisse.

Reprenons les notions que nous venons d'établir. La superposition, dans l'épaisseur de la croûte, de deux régions concentriques, dont la supérieure est mouillée par l'eau d'infiltration pendant que l'autre est en ignition, rend inévitable que, lors des décrochements qui s'accomplissent le long des géoclases pour déterminer les dénivellations orogéniques, certaines portions inférieures de la zone mouillée soient recouvertes, grâce au chevauchement, par les portions supérieures de la zone rouge de feu. Il se passe alors, dans la matière de la roche d'abord mouillée, puis réchauffée, des réactions complexes dont beaucoup ont été éclaircies jusque dans leur détail par les célèbres expériences de Sénarmont et par celles de ses successeurs. En présence de l'eau suréchauffée, toutes les roches deviennent cristallines et les argiles acquièrent la composition des laves volcaniques. En outre, la fusion en présence de la vapeur d'eau comprimée en vase clos, comme c'est le cas dans les profondeurs, détermine l'occlusion de cette vapeur dans la roche liquéfiée. Il se fait donc une matière qui, malgré la différence des compositions et des températures, présente avec les solutions gazeuses obtenues sous pression et, par exemple, avec l'eau de Seltz, les analogies les plus intimes et les plus complètes. Des deux parts, on a affaire à un liquide foisonnant : cela veut dire que si ce liquide ne manifeste rien de spécial tant qu'il est renfermé dans un récipient, — tel que serait pour l'eau de Seltz une bouteille bouchée, — au contraire il bouillonne impétueusement dès que la communication est établie entre lui et une atmosphère à pression relativement faible. On sait qu'une bouteille d'eau de Seltz, placée verticalement sur la table et débouchée avec autant de précaution que l'on voudra, extravase son contenu qui sort en moussant et s'épanche aux alentours.

Il en va rigoureusement de même avec la matière foisonnante souterraine dont nous venons de décrire la formation : si une fissure vient mettre en communication le milieu où elle gît avec une région moins comprimée, elle se détend, comme on dit, et fait éruption. Si la crevasse aboutit à l'extérieur, — et comme l'eau de Seltz qui lance son bouchon et sa fine poussière aqueuse, — notre substance fondue projette à de grandes hauteurs les pierres rencontrées sur son trajet souterrain et, sous la l'orme des *nuées* ardentes de Lacroix, les menus débris provenant de sa propre pulvérisation et qui sont la *cendre*. Ensuite, comme ferait la boisson gazeuse, la lave s'épanche à son tour, laissant longtemps dégager l'eau et les autres matières gazeuses qui l'imprégnaient, comme l'eau perd lentement les dernières traces de son acide carbonique.

On voit donc que, pour qu'un volcan se déclare sur une zone séismique, il faut avant tout que le sous-sol se prête à l'élaboration de la matière foisonnante. Cela suppose que les roches recouvertes et réchauffées par chevauchement, contiennent de quoi faire de la vapeur aqueuse ou d'autres principes élastiques convenables, comme l'acide chlorhydrique au moyen du sel gemme, ou le grisou, aux dépens des combustibles minéraux. Cela suppose aussi que, la matière foisonnante une fois élaborée, il s'est établi un conduit vers l'extérieur, car autrement, le refroidissement planétaire se poursuivant toujours, la masse magmatique se consoliderait sur place sous la forme passive de ces amas et de ces *laccolithes*, que l'on connaît dans tant de régions et qui représentent ainsi des volcans manques.

Il y a dans ces remarques de quoi rendre compte bien facilement des longues portions des bandes séismiques qui sont dépourvues de volcans.

Section V

Section VI

Nous avons cherché, dans les pages qui précèdent, à montrer comment le tremblement de terre peut s'expliquer jusque dans ses moindres détails par l'application des principes les mieux établis quant à la constitution du globe terrestre et quant à la marche normale de son évolution continue. On a vu que le refroidissement, inévitable et sans compensation, du noyau planétaire, détermine dans la croûte rocheuse qui l'enveloppe des réactions mécaniques qui, en agissant par petits à-coups successifs, occasionnent les déplacements de la surface qui ne nous sont si funestes qu'en raison de notre dimension relativement infime.

Il faudrait, pour épuiser la matière, rechercher comment se continuera et comment se terminera l'histoire du globe auquel notre existence est liée d'une manière si précaire. C'est là un sujet gigantesque et que, néanmoins, des procédés d'étude rationnelle sont parvenus à attaquer. Ces procédés consistent avant tout, — cessant de faire de la Terre un objet à part, — à la comparer, au contraire, avec les autres corps célestes qui composent avec elle le système solaire. On en trouve, en effet, qui sont de tous les âges et qui révèlent à l'œil de l'analyste les « avenirs » qui nous attendent successivement. Ce qui domine dans ce genre spécial d'évolution, c'est toujours le *craquellement spontané* des corps célestes et finalement leur réduction en fragments dont le rôle introduit dans la philosophie de la Nature un de ses chapitres les plus grandioses.

ISBN : 978-1979819985

www.ingramcontent.com/pod-product-compliance
Lightning Source LLC
Chambersburg PA
CBHW050254230526
45470CB00005B/2263